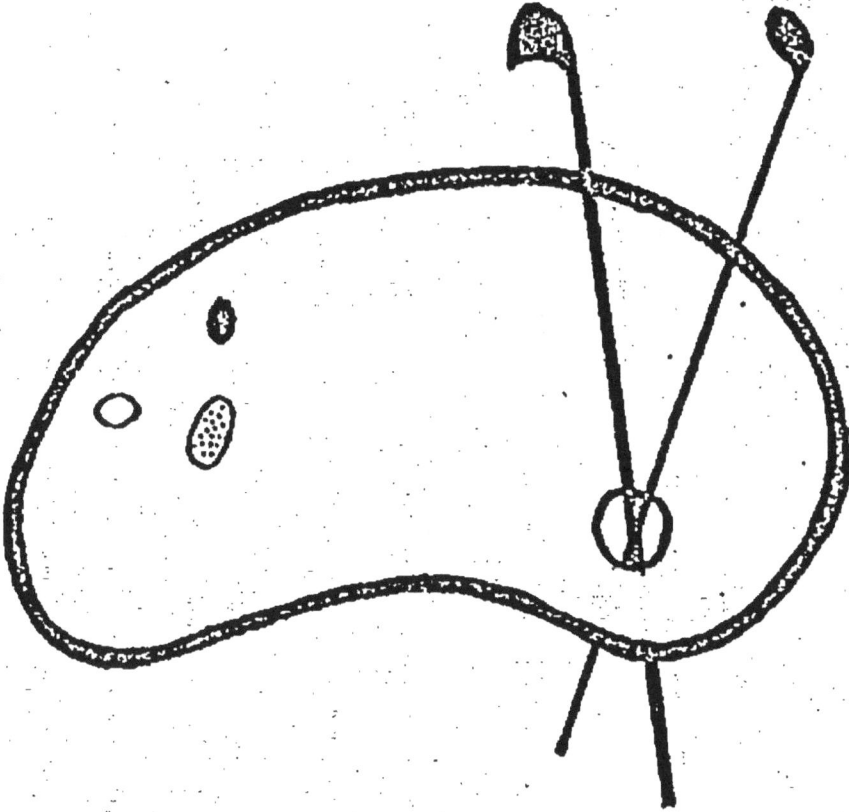

DEBUT D'UNE SERIE DE DOCUMENTS
EN COULEUR

ENSEIGNEMENT PROFESSIONNEL

HARMONIES

DE

FORMES ET DE COULEURS

DÉMONSTRATIONS PRATIQUES

Avec le rapporteur esthétique et le cercle chromatique

PAR

M. Charles **HENRY**

Bibliothécaire à la Sorbonne.

Conférence faite à la Bibliothèque **FORNEY** *le* 27 *mars* 1890.

PARIS

LIBRAIRIE SCIENTIFIQUE A. HERMANN

8, RUE DE LA SORBONNE, 8

1891

EN PRÉPARATION :

Instruction sur les harmonies de lumière, de couleur et de forme, publiée sous les auspices du Ministère du Commerce, de l'Industrie et des Colonies, en vue de l'introduction de ces études dans l'Enseignement technique. — Planches de P. Signac.

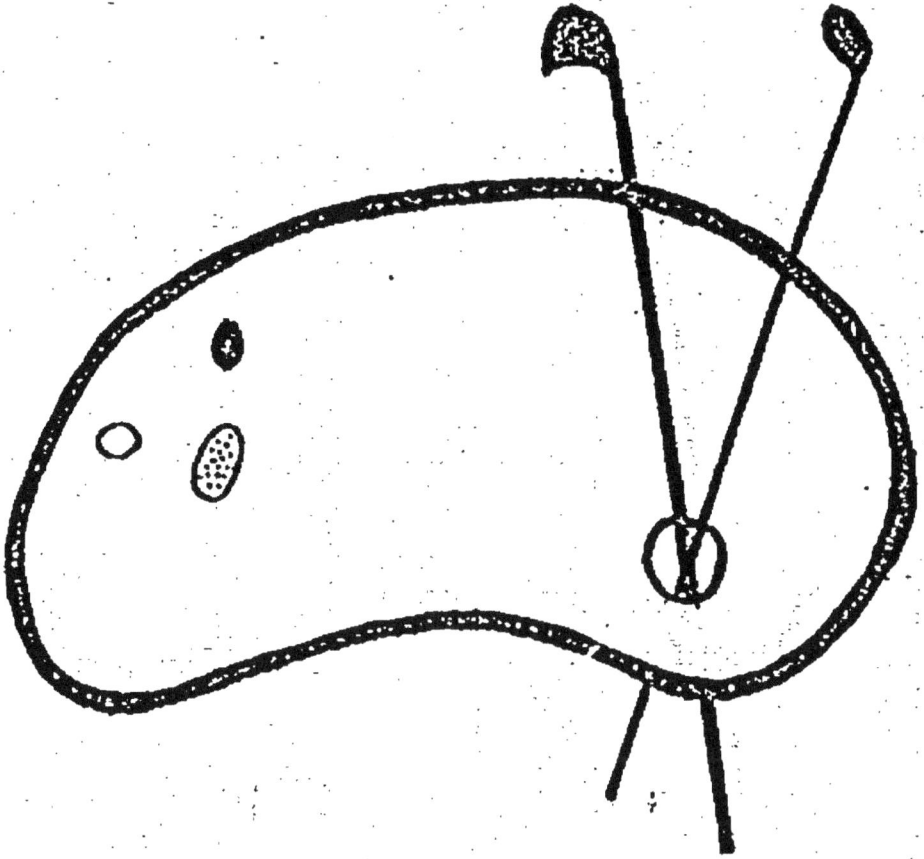

FIN D'UNE SERIE DE DOCUMENTS
EN COULEUR

BIBLIOTHÈQUE MUNICIPALE PROFESSIONNELLE
D'ART ET D'INDUSTRIE **FORNEY**

HARMONIES

DE

FORMES ET DE COULEURS

Démonstrations pratiques avec le rapporteur esthétique
et le cercle chromatique

PAR

M. Charles HENRY

Bibliothécaire à la Sorbonne,

CONFÉRENCE DU 27 MARS 1890.

I

La plupart d'entre vous sont par métier en
contact de chaque instant avec la forme et avec la
couleur. L'industrie du papier peint et l'industrie
du meuble sont les plus célèbres et les plus
anciennes du faubourg Saint-Antoine. Il m'a paru
qu'il pourrait vous intéresser d'entendre un exposé
des principaux faits relatifs à l'action physiologique de la lumière, de la couleur et de la forme ;
de connaître les lois d'harmonie auxquelles des

Charles Henry. 1

recherches personnelles m'ont conduit, et de véri-
fier de vos yeux les expériences fondamentales.

Je commencerai par rappeler quelques-unes des
propriétés physiques de la lumière. Vous avez tous
remarqué, en suivant, grâce aux poussières de
l'air, le chemin parcouru par un rayon de lumière
dans une chambre obscure, que la lumière se pro-
page en ligne droite. Le grand astronome Kepler
a, le premier, montré que l'intensité lumineuse
décroît en raison inverse du carré de la distance;
ce qui veut dire qu'à deux mètres de la source
lumineuse, par exemple, l'intensité est quatre fois
moindre qu'à un mètre, à trois mètres, neuf fois
moindre, etc... C'est sur cette loi que reposent les
méthodes de mesure désignées sous le nom de
photométrie. D'après ce principe, vous voyez facilement que, si deux sources lumineuses placées à
des distances différentes d'une même surface produisent un même éclairement, leurs intensités
sont proportionnelles aux carrés de leurs distances
à cet écran. Il serait facile de vous montrer que
si nous voulons obtenir sur un des deux côtés de
l'écran une certaine intensité plus forte ou plus
faible que l'intensité choisie comme unité, il suffit
de rapprocher ou d'éloigner une des sources à
une distance que l'on obtient en divisant ou en
multipliant la première par la racine carrée de

l'intensité voulue. C'est ainsi qu'ont été obtenues les intensités lumineuses dont je vous présenterai bientôt des copies par des verres dépolis.

Si la lumière rencontre une surface opaque et parfaitement polie, il y a *réflexion*. On appelle *angle d'incidence* l'angle formé par le rayon et la perpendiculaire menée à la surface par le point d'incidence. Le *plan d'incidence* est le plan déterminé par le rayon incident et cette perpendiculaire que l'on appelle la *normale*. L'*angle de réflexion* est l'angle formé par la normale et le rayon réfléchi. On a constaté dès l'antiquité grecque que le rayon réfléchi reste dans le plan d'incidence et que les angles de réflexion et d'incidence sont égaux. C'est à la réflexion de la lumière qu'est dû ce qu'on appelle le *lustre* des corps. Voici une plaque de verre que j'enduis sur une de ses faces de noir de fumée ; sur cette face, elle est mate, le noir de fumée absorbe en effet la presque totalité des rayons incidents ; sur l'autre face, au contraire, la plaque est d'un beau noir lustré, car un grand nombre de rayons incidents sont réfléchis sur leur parcours à travers l'épaisseur du verre transparent. C'est à un état de la matière produit par des pressions considérables et réfléchissant plus complètement la lumière qu'est dû l'aspect lustré du papier satiné ; dans la soie, cet état moléculaire coexiste avec une extrême souplesse de tissu.

Si la lumière rencontre obliquement la surface de séparation de deux milieux transparents, les rayons lumineux subissent une déviation que l'on appelle *réfraction*. On constate que le rayon réfracté reste dans le plan d'incidence et que le rapport des perpendiculaires abaissées sur la normale de points situés à une égale distance du point d'incidence est constant. Cette loi est due au Hollandais Snell et au grand philosophe français Descartes. Ce rapport, constant pour les mêmes milieux, est ce que l'on appelle l'*indice de réfraction*, et l'on démontre que ce nombre est égal au rapport direct des vitesses de propagation de la lumière dans les deux milieux.

C'est la réfraction qui a conduit Newton à préciser la nature de la couleur. Un prisme est un milieu transparent terminé par deux surfaces planes formant entre elles un angle solide; la surface opposée à cet angle est définie comme la base du prisme. Dans le volet fermé d'une croisée Newton perça un orifice et plaça un prisme sur le trajet du filet de lumière, dans l'espoir de voir le rayon réfracté, et d'étudier l'image du soleil après la réfraction. Il vit, à son grand étonnement, une bande cinq fois plus longue que large et divisée en rectangles colorés : rouge, orangé, jaune, vert, bleu, indigo, violet. Il en conclut que la lumière blanche est un mélange de lumières de couleurs différentes et de degrés différents de réfrangibilité. Après l'analyse, il fit la synthèse ; sur le trajet du rayon décomposé, il plaça un second prisme, mais renversé, de façon que les couleurs soient réfractées une seconde fois et réunies de nouveau ; il obtint du blanc. On peut faire cette synthèse de plusieurs autres manières, notamment par des rotations de disques colorés ; nous y reviendrons dans un instant, quand nous étudierons les lois des mélanges.

Vous avez tous admiré les belles couleurs des bulles de savon, des minces couches d'huile répandues sur l'eau, des verres irisés, en général de toutes les couches minces transparentes. Newton eut l'idée de les faire apparaître dans des conditions rigoureusement définies. Sur une lentille plan-convexe d'une faible courbure, il plaça une plaque de verre à surface plane ; la couche d'air avait ainsi une épaisseur graduellement croissante du dedans au dehors à partir du point de contact. En faisant tomber de la lumière blanche sur les verres, il obtint une série de cercles colorés des couleurs de l'arc-en-ciel ; c'est ce qu'on appelle *les anneaux de Newton*. En regardant les anneaux à une lumière colorée particulière, il vit apparaître autour du point de contact une série d'anneaux brillants, de plus en plus resserrés, séparés les uns des autres par des anneaux obscurs, et constata que les anneaux étaient d'autant plus petits que la couleur était plus réfrangible. Vous voyez immédiatement le parti qu'on peut tirer de cette propriété pour caractériser la couleur par un nombre, et vous imaginez facilement la joie profonde que dut causer cette découverte au génie de Newton. Supposez qu'on diminue la pression de la plaque de verre sur la lentille; les anneaux tendront à se resserrer, puisque la couche d'air croît d'épaisseur; pour une certaine distance des verres, ils disparaissent au centre; la tache noire qui apparaît au centre des anneaux, lorsque la lentille repose sur le plan, devient alternativement noire et blanche. Il est facile de mesurer le déplacement de la lentille par l'angle dont tourne une vis micrométrique. Supposez qu'on ait fait disparaître soixante anneaux; ces anneaux se contractant graduellement du rouge au bleu, l'angle dont il faut faire tourner la vis sera plus petit pour les anneaux bleus que pour les anneaux rouges; le nombre caractéristique de la couleur est naturellement le quotient de cet angle estimé en degrés par le nombre d'anneaux; c'est cette quantité que l'on appelle *longueur d'onde*.

Ce terme me conduit à vous exposer le principe de considérations théoriques qui, pour ne correspondre peut-être à aucune réalité, n'en sont pas moins précieuses, car elles serviront à mieux graver dans votre esprit les propriétés fondamentales de la lumière. Il vous est arrivé à tous de jeter des pierres dans l'eau et tous vous avez observé les cercles concentriques qui se développent jusqu'à une certaine distance. Après avoir jeté une première pierre, jetez-en une seconde, il se présentera deux cas bien différents : si, au moment où elle est sollicitée en haut par le premier système d'ondes, la particule liquide est sollicitée dans la même direction par le second système, il y aura fusion des deux mouvements en un mouvement unique d'amplitude double ; si, au moment où le premier système tend à élever la particule, le second système tend à l'abaisser, il n'y aura sous l'action simultanée de ces deux forces contraires aucun mouvement.

Il existe dans le monde toute une série de quantités résultantes qui ne croissent pas dans le même sens que leurs composantes. La lumière, le son, et probablement, d'après des travaux récents, l'électricité dynamique sont de cette catégorie. C'est un jésuite, le père Grimaldi, qui découvrit que deux minces faisceaux de lumière dans des conditions particulières peuvent s'éteindre en partie l'un l'autre et former sur un mur une tache noire. Cette action réciproque s'appelle *interférence*. Supposez l'espace rempli par une matière impondérable, par un *éther*, dont les ondes se propagent avec la vitesse de la lumière transversalement à la direction du rayon lumineux, comme les ondulations de la nappe liquide que je vous citais tout à l'heure; appelez longueur d'onde la distance de deux crêtes, vous comprendrez immédiatement que, pour la lumière comme pour l'eau, lorsque l'un des systèmes d'ondes sera en avance sur l'autre d'une longueur d'onde, il y aura addition de systèmes et accroissement de l'intensité lumineuse; si, au contraire, l'un des systèmes est en avance sur l'autre d'une demi-longueur d'onde ou d'un nombre impair de demi-longueurs d'onde, les sommets de l'un des systèmes coïncidant avec les creux de l'autre, il y aura repos parfait de l'éther ou obscurité, de même qu'il y a, dans les mêmes conditions, retour de l'eau au niveau mort. Un illustre physicien français, Fresnel, a constitué sur cette base, qui a au moins l'avantage de parler aux yeux, la théorie complète de la lumière; mais il suffit à la science que toutes les quantités soient bien précisées par les nombres; et la détermination de la couleur que je viens de vous donner est indépendante de toute théorie, par conséquent inébranlable.

D'après la définition même de l'indice de réfraction, vous avez conclu que l'amplitude du spectre varie avec la substance employée. Il existe des matières qui rétrécissent plus ou moins certaines couleurs et qui même intervertissent leur ordre; il faut donc définir un spectre normal dans lequel des couleurs, présentant des rapports constants de longueur d'onde, sont à des distances constantes. Le spectre du soleil présente en certains points des raies noires. Ce serait m'écarter considérablement de mon sujet que d'insister sur la signification de ces raies, découvertes par le physicien allemand, Fraunhofer, qui ont permis de constituer l'analyse spectrale, la méthode la plus délicate d'analyse chimique et la plus grandiose dans ses applications, puisqu'elle nous a fait connaître la chimie du soleil et des étoiles. Vous voyez que ces raies sont autant de points de repère précieux pour la désignation de la couleur. On leur a donné pour symboles les premières lettres de l'alphabet. La raie A marque l'extrême rouge et désigne une couleur dont la longueur d'onde a 761 millionièmes de millimètres ; le rouge de la raie B en a 687 ; le rouge orangé de la raie C, 657 ; le jaune de la raie D, 587 ; le jaune verdâtre de la raie E,

527 ; le bleu verdâtre de la raie F, 486 ; le bleu
violâtre de la raie G, 430 ; le violet H, 395. Le
spectre s'étend beaucoup plus loin ; mais les teintes
ne sont jugées sensiblement différentes des teintes
plus ou moins réfrangibles que dans les limites
des raies C à G.

Nous avons, pour enregistrer l'action des différentes parties du spectre, trois moyens : le ther-
momètre, qui mesure la chaleur ou la puissance
mécanique des radiations ; notre œil, qui en
mesure l'intensité lumineuse par leur influence
sur notre sensibilité ; enfin les réactions chimiques,
principalement la photographie, qui en dosent le
pouvoir chimique. Les radiations les plus intenses
au point de vue calorifique ou mécanique se trou-
veraient, d'après les déterminations récentes d'un
savant Américain, M. Langley, dans le rouge. Vous
savez que les rayons les plus actifs au point de vue
chimique sont les rayons violets et ultra-violets.
Nous verrons que, pour l'œil, les intensités lumineuses se présentent dans un autre ordre.

Je vous ai entretenus jusqu'ici de la lumière
blanche et des couleurs spectrales, de celles dont
la réunion constitue la lumière blanche, de celles
que vous voyez dans l'arc-en-ciel, sur les ailes des
insectes, sur les vers irisés. Il faut bien distinguer
de ce blanc et de ces couleurs les corps blancs et

les couleurs matérielles dont se sert la peinture. Un corps blanc, comme le sulfate de baryte, le plus blanc de tous, réfléchit presque dans leur totalité les rayons lumineux blancs qu'il reçoit sur sa surface ; mais il en absorbe toujours une certaine quantité. D'après un physicien allemand, Aubert, la lumière émise par le papier le plus blanc ne serait que 57 fois plus lumineuse que le corps le plus noir. De même que les blancs matériels, les couleurs pigments tendent vers le noir. Voici un jaune de chrome ; il absorbe tous les rayons colorés autres que le jaune et ne réfléchit que cette couleur plus ou moins ; c'est à ce fait qu'il doit sa couleur jaune. Mais par là même qu'il a soustrait de la lumière blanche un peu de sa propre couleur et une certaine quantité des différentes lumières colorées, sa couleur jaune sera moins lumineuse que celle du spectre ; de plus, elle sera moins pure. Il n'existe pas de pigment qui réfléchisse une lumière d'une seule longueur d'onde ; par exemple, ce jaune de chrome réfléchit, outre les jaunes, quelques rayons verts et quelques rayons orangés ; ce rouge d'éosine réfléchit, outre ses rayons rouges, quelques rayons orangés. De là une complexité plus grande dans l'étude des pigments que dans l'étude des lumières colorées. Mais il n'en faut pas moins tou- jours rapporter les pigments au spectre qu'ils émettent, comme à l'unique étalon scientifique.

Dans une couleur lumière, il y a lieu de distinguer trois caractéristiques : la *teinte*, définie par la longueur d'onde ; le *ton*, qui exprime la quantité de lumière blanche mêlée avec la teinte ; enfin la *luminosité* propre de cette couleur. Pour caractériser un pigment, puisqu'un pigment émet des lumières complexes, il faut une quatrième donnée ; il faut préciser son degré de *pureté*, c'est-à-dire la proportion des rayons d'une couleur de longueur d'onde donnée avec les autres rayons réfléchis ; ainsi, le jaune de chrome est très pur, parce qu'il réfléchit beaucoup plus de rayons jaunes d'une certaine longueur d'onde que les autres pigments jaunes. La différence essentielle du pigment et de la lumière colorée va mieux apparaître encore dans les résultats de leurs mélanges respectifs.

Si vous faites tomber sur un même point deux lumières du spectre, vous réalisez un mélange de lumière colorée. Quand vous mélangez deux corps qui n'exercent entre eux aucune action chimique, la lumière qu'ils émettent est différente de celle qu'ils émettaient individuellement ; c'est un mélange de pigments. Si vous faites tourner rapidement les disques qui portent des secteurs différemment colorés, vous avez, dans une certaine mesure, un mélange de lumières et surtout un mélange de sensations. En effet, si la vitesse de rotation est suffisante, les impressions produites par les différentes couleurs éveillent une impression unique sur la rétine; mais il serait imprudent d'identifier rigoureusement ce procédé avec celui de la superposition de portions du spectre, car la durée de l'effet consécutif à l'impression n'est pas la même pour toutes les couleurs. Le physicien belge Plateau a constaté que les temps du passage d'un secteur noir uniformément altéré par des secteurs blancs ou colorés de même largeur sur un disque devaient être plus rapides pour le bleu que pour le rouge et pour le rouge que pour le jaune ou le blanc. Il n'y a donc qu'une seule méthode rigoureuse pour le mélange des lumières, c'est la superposition des spectres; néanmoins, la méthode des disques rotatifs a été et sera sans doute toujours fort employée à cause de son extrême commodité. Elle a été appliquée par Newton à la recomposition de la lumière blanche par les différentes couleurs du spectre. Il divisait une circonférence en sept parties proportionnelles aux nombres $\frac{1}{9}$, $\frac{1}{16}$, $\frac{1}{10}$, $\frac{1}{9}$, $\frac{1}{10}$, $\frac{1}{16}$ et $\frac{1}{9}$, représentant le rouge, l'orangé, le jaune, le vert, le bleu, l'indigo et le violet; vous pouvez constater que par sa rotation, ce diagramme qu'on appelle *cercle chromatique* donne du gris. Ce cercle sert encore à appliquer une règle énoncée sans démonstration par Newton pour le mélange des couleurs. Je ne vous exposerai pas cette règle qui entraîne à des calculs assez laborieux et dont les résultats ne concordent pas toujours avec l'expérience, notamment pour le mélange du bleu et du rouge, quoiqu'elle soit fort précieuse, et jusqu'ici le seul moyen théorique de connaître les teintes résultantes.

Le mélange de toutes les couleurs lumières donne du blanc; mais la sensation de blanc provient souvent du mélange de deux ou de trois lumières. Quand deux lumières donnent, par leur mélange, de la lumière blanche, elles sont dites *complémentaires ;* le rouge, par exemple, et le bleu verdâtre, l'orangé et le bleu, le jaune et le bleu d'outre-mer, sont des couleurs complémentaires. Les trois couleurs qu'il est naturel d'adopter comme primitives, c'est-à-dire pouvant par leur mélange reproduire le blanc et toutes les couleurs, sont : le rouge, le vert et le bleu violâtre. Ce choix n'est pas arbitraire, car le rouge ne peut provenir d'aucun mélange. Vous voyez que la sensation de blanc répond aux compositions les plus variées. Je fais tourner devant vous les disques présentant des couleurs complémentaires, puis les trois couleurs fondamentales; vous voyez apparaître des

gris. M. Rosenstiehl a eu l'heureuse idée de définir numériquement le gris en faisant tourner sur
le même axe deux séries juxtaposées de secteurs
de diamètres différents; les plus petits reçoivent
les couleurs et les plus grands, absolument blancs,
tournent devant l'orifice d'une caisse tapissée de
velours noir. On s'attache à reproduire, par la rotation des grands secteurs, le gris produit par la rotation des petits. La grandeur de l'angle du secteur
blanc mesure en degrés l'intensité de la sensation
de gris; c'est ainsi que le gris se trouve nettement
défini.

La définition même du pigment vous fait concevoir qu'il est impossible de donner une règle générale des mélanges de pigments, et vous prévoyez
que les mélanges des couleurs matérielles sont
très différents des mélanges des couleurs spectrales. J'ai dit que des lumières bleues et jaunes
font du blanc; vous savez qu'au contraire des
matières bleues et jaunes donnent du vert. Ce
résultat est facile à interpréter. Sous de faibles
épaisseurs tous les corps sont diaphanes. Supposez
que le cristal transparent de la matière colorante
bleue laisse passer non seulement les rayons bleus
de la lumière blanche incidente, mais encore les
rayons verts; que le cristal transparent de la
matière jaune laisse non seulement passer les

rayons jaunes, mais encore quelques rayons verts et que les deux sortes de cristaux absorbent tous les autres rayons complémentaires, les rayons bleus et jaunes feront de la lumière blanche ; mais il reste un surcroît de rayons verts qui, après avoir traversé un certain nombre de couches, seront réfléchis par le corps et produiront l'apparence verte de la matière.

Tandis que le rouge, le vert et le bleu violet peuvent, par leurs mélanges, reproduire toutes les apparences de lumière colorée, il faut, pour les pigments, recourir au moins à quatre couleurs fondamentales qui sont le rouge, le jaune, le bleu et le violet. Le bleu est indispensable avec les jaunes pour faire les verts, et les bleus qui ne renferment point une notable proportion de violet donnent, comme vous pouvez vous en convaincre par ces exemples, des violets déplorables.

Je vous présente mon cercle chromatique, qui a été construit par M. Ch. Verdin. C'est une déformation circulaire du spectre, à partir du rouge de la raie C jusqu'au violet de la raie G. Chaque point situé sur la moitié du rayon reproduit la couleur spectrale, et tous les points distants de 45° figurent des couleurs pour lesquelles le rapport des longueurs d'onde est le nombre 1,052. Entre le violet G figuré à 40° environ à gauche de la verticale et le rouge de la raie C se trouve, obtenu par le mélange des rouges antérieurs à la raie C et des violets postérieurs à la raie G, le pourpre, qui ne se trouve pas dans le spectre. La couleur sur chaque rayon est dégradée du blanc au noir à partir du centre. Si je fais tourner ce cercle, vous voyez apparaître le gris, mais un gris croissant d'intensité sur chaque circonférence à partir du centre. C'est la moyenne des luminosités de toutes les teintes d'une même circonférence. Comme on connaît la luminosité de chacune des teintes saturées situées sur la moitié du rayon, il est facile de déterminer ainsi la luminosité de chaque point du cercle et de résoudre les problèmes de contraste et d'harmonie lumineux de la couleur.

Quoique l'objet de mon cercle chromatique soit surtout physiologique, on peut en tirer une règle qui est vérifiée par l'expérience pour les mélanges de lumières et les mélanges d'un grand nombre de pigments.

En général, la couleur qui résulte d'un mélange de deux lumières colorées, également saturées, c'est-à-dire situées sur une même circonférence de mon cercle chromatique, se trouve en un point situé à la moitié de l'arc qui sépare les deux couleurs composantes ; et ce point doit être reporté vers le centre de la circonférence d'une quantité

égale au rapport de l'angle des couleurs composantes à l'angle compris entre la première couleur
comptée de gauche à droite en haut (dans le sens
des aiguilles d'une montre) et sa couleur complémentaire. Ainsi, du violet et du rouge donnent du
pourpre ; du rouge et du jaune, de l'orangé ; du
bleu cyanique et du rouge, du rose très pâle. Vous
voyez immédiatement que si les couleurs composantes sont complémentaires, le point se trouve
ramené au centre, c'est-à-dire au blanc. Si l'on
mélange des lumières à des degrés inégaux de
saturation, la couleur résultante est sur la moitié
de l'arc de spirale qui relie les extrémités des
rayons inégaux, et ce point doit être reporté vers
le centre de la quantité déterminée précédemment. Dans le cas de quantités inégales, le point
situé sur la moitié de l'arc est ramené vers la
couleur qui présente n unités, d'un intervalle
figuré par la moitié du dernier des $n-1$ arcs obtenus
chaque fois en déterminant les moitiés successives
de l'arc qui sépare la couleur résultante et la couleur de n unités supposée représentée par une
seule unité. Si au lieu de deux couleurs on doit
mélanger plusieurs couleurs, on en mélange
d'abord deux et on applique au mélange de la
résultante de ces deux dernières avec la troisième,
la règle précitée. Il serait important de reprendre

expérimentalement avec le spectre et mathémati-
quement des recherches dans ce sens, car ces
règles et celles pour les pigments ne sont encore
que des approximations déduites de points de vue
subjectifs très généraux.

Pour les pigments, la règle suivante concorde
avec l'expérience, comme vous allez en juger, au
moins pour un grand nombre de couleurs. Si les
pigments sont à volumes égaux et à égale saturation, la couleur résultante est aux trois quarts
de l'intervalle compté sur le cercle chromatique,
en sens inverse des aiguilles d'une montre. Voici
un jaune et un rouge : vous pouvez constater
qu'ils produisent par leur mélange un orangé
rouge qui figure sur le cercle chromatique aux
trois quarts de leur intervalle, mais en un point
du rayon qui est ramené vers la périphérie d'une
certaine quantité égale au rapport de l'angle des
composantes à l'angle des complémentaires compté
en sens inverse des aiguilles d'une montre. Si les
pigments ont des degrés de saturation inégaux,
la couleur résultante est située aux trois quarts
de l'arc de spirale qui relie les extrémités des deux
rayons et doit être reportée vers le noir de la quantité déterminée précédemment. Si les volumes sont
inégaux, la couleur résultante est ramenée vers la
couleur de n volumes d'une quantité figurée par

les $\frac{3}{4}$ du dernier des n-1 arcs successifs obtenus en

déterminant chaque fois les $\frac{3}{4}$ de l'arc qui sépare la couleur résultante et la couleur de n volumes supposée représentée par un seul volume.

Il est très facile, en découpant dans des bandes de carton, à des distances différentes, de petites fenêtres, et en plaçant ces bandes à des intervalles convenables, de prévoir ou de retrouver avec le cercle chromatique les résultats des mélanges. En général, le point à considérer en premier lieu sur le cercle est le point situé à gauche ou en bas ; cependant dans certains cas c'est le point à droite qu'il faut choisir. Par exemple, des rouges et des verts peuvent produire, dans un cas du vermillon, dans l'autre cas du vert foncé ; en général, les bleus et les jaunes produisent du vert ; on en pourrait concevoir produisant du violet. Ces planches, empruntées à la *Grammaire de la couleur* de M. Guichard, sont autant de vérifications de la règle générale.

Il y a dans les mélanges combinés des lumières colorées et des pigments quelques cas intéressants à signaler. Si nous faisons tomber cette lumière jaune du sodium sur ce papier jaune monochromatique, vous voyez qu'il devient jaune vif, tandis que ces papiers jaunes moins purs deviennent noirs, car ils absorbent le jaune. Les lumières blanches composées de lumières colorées complémentaires se dissocient sur le pigment. M. Rosenstiehl a montré que si l'on fait tomber sur une étoffe rouge andrinople une lumière blanche composée de rouge et de vert bleu, cette étoffe devient d'un rouge très foncé. En effet, elle absorbe par définition le vert ; sa propre lumière rouge doit devenir plus saturée. Cette étoffe rouge sera noire dans un mélange d'orangé et de vert bleu. On pourrait même concevoir un corps blanc, parce qu'il émettrait deux couleurs complémentaires, qui deviendrait noir en recevant une lumière blanche composée de complémentaires. Ces remarques pourront avoir d'utiles applications dans la mise en scène théâtrale. On voit combien il est important d'avoir un éclairage aussi achromatique que possible ou, à défaut de cet éclairage, une lumière colorée constante dont on peut calculer l'effet sur le milieu.

II

La lumière exerce sur les êtres vivants des actions complexes dont le mécanisme est inconnu. Vous savez que c'est sous l'influence de la lumière que la chlorophylle décompose l'acide carbonique de l'air pour fixer le carbone. Vous connaissez l'héliotropisme des plantes et l'action destructive du soleil sur les microbes. Il semble que la lumière est plutôt une force de dégagement accélérant les fermentations physiologiques, décomposant les substances complexes en plus simples, retardant la croissance des plantes, tandis que l'électricité serait plutôt une force d'entretien, augmentant la croissance des végétaux, favorisant la végétation, retardant les fermentations. La couleur agit très inégalement sur la croissance des végétaux ; les rayons jaunes la retardent le moins, mais ils n'exercent pas sensiblement d'action fléchissante. Je négligerai de vous rapporter les expériences faites sur des animaux plus ou moins inférieurs, car elles sont difficiles à interpréter et assez contradictoires suivant l'état physiologique des sujets, leurs milieux normaux, la durée des expériences.

L'étude de la lumière, comme de tout excitant au point de vue subjectif, comprend la recherche des modifications réciproques des sensations successives ou simultanées, et la détermination des conditions auxquelles doivent satisfaire les variations d'excitation pour être agréables ou désagréables. On rattache généralement la première partie de cette étude à la théorie de la fonction subjective de *contraste ;* la seconde constitue ce que j'ai appelé la théorie du *rythme* et de la *mesure*.

Les termes d'agréable et de désagréable dési-
gnent des caractéristiques subjectives qui, comme
telles, ne peuvent être précisées par la science ;
mais il est néanmoins possible de faire une science
de l'agréable et du désagréable en rattachant ces
états à des faits susceptibles de mesure, je veux
dire à des mouvements. Il est bien connu que tout
phénomène de plaisir correspond à une augmenta-
tion dans la quantité des réactions motrices de
l'être vivant, que tout phénomène de douleur correspond plus ou moins rapidement à un amoin-
drissement de ces phénomènes. On a même essayé
d'enregistrer, avec le dynamomètre, les accroissements ou les diminutions de force disponible sous
l'influence d'excitations agréables ou pénibles. Des
sujets normaux, respirant du musc à un degré
de concentration agréable, ont donné au com-
mandement une pression plus forte qu'après avoir
respiré la même odeur à un degré de concentration
pénible. Chez les hystériques, l'amplitude des
réactions s'accroît encore ; il y a donc possibilité
de doser, dans une certaine mesure, les états de
plaisir et de peine par les accroissements et les
diminutions correspondants de travail physiologique. Toutefois, cette méthode n'est que rarement
applicable, les excitations n'exerçant point une

influence physiologique assez intense pour pouvoir être différenciée par des nombres. Quand les nombres sont petits, c'est-à-dire dans la majorité des cas, ces effets peuvent toujours plus ou moins être rapportés à des causes perturbatrices ; il faut donc recourir à une autre méthode pour obtenir des nombres, c'est-à-dire pour atteindre la précision mathématique, sans laquelle il n'y a pas de science ; mais je dois entrer dans quelques considérations sur le système nerveux.

Les deux grandes propriétés du système nerveux sont la *sensibilité* et la *motricité ;* la sensibilité est consciente ou inconsciente. Tout être vivant est doué d'une sensibilité inconsciente que l'on a long-temps confondue avec une irritabilité d'ordre purement mécanique. Claude Bernard a été conduit par de brillantes expériences à considérer le chloro-forme, et en général les anesthésiques, comme les réactifs les plus généraux de la vie. Puisque ces agents suspendent non seulement la sensibilité consciente, mais encore les mouvements de la sensitive, la germination des plantes, etc., il faut que ces derniers phénomènes se rattachent par des gradations insensibles aux premiers.

Le système nerveux est à la fois un organe de transmission et de réception. Chez l'homme et les animaux supérieurs, les organes de réception sont le cerveau, le cervelet, le bulbe rachidien et la moelle épinière ; le premier, plus spécialement l'organe de la sensibilité consciente ; les autres, de la sensibilité inconsciente et du mouvement. Les organes de transmission sont les nerfs, dont les actions sont centrifuges quand elles sont motrices, centripètes quand elles sont sensitives. Toute impression sensitive se transforme en une réaction motrice : c'est cette transformation qu'on appelle un *mouvement réflexe*. Si j'approche, par exemple, le doigt de mon œil, l'impression est transmise au cerveau par le nerf optique, le cerveau agit sur le nerf moteur oculaire commun et celui-ci détermine l'occlusion des paupières. Mais le réflexe, à cause de la solidarité de toutes les fonctions de l'organisme, ne présente pas toujours un équivalent moteur des actions sensitives. Si le nerf sensitif est très excité, le nerf moteur tendra à réagir moins ; ainsi on sait que toutes les impressions sensitives fatigantes ont pour effet de dilater la pupille, ce qui s'explique par une paralysie relative d'un des filets du nerf moteur oculaire commun. Pendant une première phase très courte, des phénomènes moteurs intenses peuvent accompagner des phénomènes sensitifs intenses; dans la dernière période des phénomènes d'anesthésie et de paralysie peuvent coïncider. Mais en général, toute hyperesthésie un peu intense entraîne un certain degré de paralysie. L'antagonisme du bulbe et de la moelle d'une part, du cerveau d'autre part, a été bien établi par une expérience dans laquelle un illustre physiologiste, M. Brown-Séquard, en piquant le bulbe rachidien, détermina une abolition complète de toutes les fonctions de l'encéphale.

Étant données et admises la corrélation des sensations agréables avec l'accroissement des réflexes et la corrélation des sensations désagréables avec la diminution des réflexes, laquelle accompagne en général l'hyperesthésie, vous voyez qu'on peut doser numériquement le caractère désagréable des excitations peu énergiques par leur influence hyperesthésiante ou la petitesse relative de la variation d'excitation qu'elles permettent de distinguer. Supposons, par exemple, qu'après avoir eu une sensation pour 49 intensités lumineuses, il faille cinquante unités pour avoir une nouvelle sensation, le quotient de 50 par 49 exprime l'état de la sensibilité à cet instant : c'est ce qu'on appelle la *fraction différentielle*. Supposez que sous l'influence d'excitations désagréables, j'aie une nouvelle sensation de lumière à 49,5 intensités lumineuses ; le quotient de 49,5 par 49 est plus petit que le quotient de 50 par 49 ; il exprime l'accroissement de ma sensibilité par la diminution de la fraction différentielle. Nous pourrons ainsi déterminer toujours pour toutes les variations d'excitations des nombres qui en préciseront le caractère plus ou moins désagréable ou hyperesthésiant.

Je dois écarter immédiatement une objection qui s'est présentée sans doute à votre esprit : « Est-il possible de discuter sur l'agréable ou le désagréable ? N'y a-t-il pas là des jugements variables suivant les individus ? N'est-il pas notoire que telle excitation qui déplaît à l'un plaît à l'autre ? » Ces faits sont incontestables ; mais il n'en est pas moins vrai qu'il existe des goûts normaux dont la satisfaction, conforme aux lois de la vie, entretient l'organisme, et des goûts anormaux dont la satisfaction entraîne la dégénérescence. C'est un fait que sous l'influence de la fatigue ou d'un état pathologique les goûts se renversent. Vous avez tous éprouvé, en présence des mêmes objets, des sensations bien différentes, le matin à votre réveil, après un sommeil réparateur, et le soir, après une journée laborieuse. L'animal fatigué ou malade fuit la lumière et le bruit ; normal, il les recherche. Les variations d'excitation qui anesthésient un être normal hyperesthésient un être fatigué. Cette loi du renversement des actions par la fatigue et la maladie est générale : elle est un corollaire immédiat de nos connaissances actuelles sur les facteurs

de.la combinaison chimique ; et je puis vous citer
à l'appui une expérience classique. Un muscle
normal qui, sous l'influence d'un poids, s'échauffe
et dégage de la chaleur, se refroidit et absorbe de
la chaleur dès que survient la fatigue et qu'apparaissent divers produits de décomposition comme
l'acide lactique. Il importe donc de préciser les
variations d'excitations agréables ou anesthésiantes
correspondant normalement à des accroissements
dans les réactions motrices. Les ingénieurs posent
un problème de ce genre, quand ils recherchent
les dispositions les plus intelligentes du cylindre,
du piston, du condenseur, du tiroir, qui assurent le
meilleur rendement de la machine à vapeur. Mal-
heureusement le problème ne peut point se poser
de la même manière pour la machine animale, car
les organes de cette machine sont imparfaitement
connus et la plus grande partie des réactions nous
échappe. On ne peut que chercher un détour qui
permette de préciser.cet état normal.

Ce qui frappe les observateurs les plus super-
ficiels de la vie, c'est l'intelligence profonde et la
sûreté des actes instinctifs, la plupart inconscients :
quelques-uns, comme la construction des alvéoles
des abeilles, révèlent une mathématique rigoureuse
et complexe. D'autre part, toute idée s'exprime
par des mouvements et les caractéristiques les

plus générales des faits psychiques, le plaisir et la peine, sont associées à des directions du geste. Nous associons les sons graves et le bas d'une part, les sons aigus et le haut d'autre part. Cette association s'est renversée pour les Grecs : ils ont associé le grave et le haut, l'aigu et le bas, ce qui paraît normal, puisque les sons aigus hyperesthésient ou diminuent les réflexes, comme la direction de haut en bas, dont le caractère est dépressif, tandis que les sons graves, comme la direction de bas en haut, anesthésient relativement et doivent par conséquent exciter les mouvements[1]. A un autre point de vue, des sujets associent la couleur et la direction, trouvant par exemple agréable la situation du jaune à droite, du bleu à gauche, du rouge en haut, du vert en bas, et jugeant désagréables des dispositions contraires. Vous pouvez constater que les premières directions sont celles attribuées aux couleurs sur mon cercle chromatique. Réciproquement, la vision de la direction détermine, suivant les cas, des effets agréables ou pénibles, excitants ou dépressifs. J'ai

---

1. Notre association du grave avec le bas est l'indice d'une évolution vers l'hyperesthésie, puisqu'elle constitue un renversement. Cette évolution, qu'on retrouve dans la tendance des diapasons vers des sons de plus en plus aigus, j'ai essayé de l'établir par d'autres arguments que rend inutiles la démonstration du caractère hyperesthésiant de l'aigu.

été conduit par ces faits à admettre l'existence d'une symbolique mentale de toutes les excitations par des points dirigés, et des considérations déduites de points de vue psychologiques m'ont conduit à restreindre à la forme circulaire le mécanisme final d'expression de l'être vivant. Ce schème a du reste, sur tous les autres, l'avantage de la simplicité, et c'est un avantage capital quand il s'agit de restituer le choix d'un être intelligent. Cela revenait à considérer un être simplifié, doué d'un mécanisme précis ; il fallait déterminer les convenances auxquelles il est tenu de satisfaire, en vertu de son intelligence inconsciente, d'une tendance au travail, d'une tendance aux changements d'action, considérées comme caractéristiques évidentes de l'état normal ; enfin, il s'agissait de restituer sa symbolique de toutes les excitations d'une part, du travail physiologique correspondant d'autre part, par des points dirigés sur un plan. Je ne vous exposerai point les principes et les développements de ces mathématiques nouvelles ; il suffit de vous faire comprendre le détour par lequel il a été possible de prévoir le sens des réactions motrices chez des êtres normaux, c'est-à-dire chez des êtres dont la sensibilité et le mouvement sont réglés d'une manière favorable au développement de l'organisme.

III

Vous avez tous remarqué que l'intensité de la sensation croît beaucoup plus lentement que l'intensité lumineuse correspondante. La lumière du soleil, qui est plusieurs milliers de fois plus intense que l'éclairage de notre lampe, est loin de produire des effets nerveux proportionnés. On a cherché à relier aux variations d'excitation les différents degrés de la sensation, mesurés par le nombre des changements perçus, et on a énoncé cette loi : « Pour que la sensation augmente suivant une progression arithmétique, comme 1, 2, 3, 4, il faut que l'excitation croisse comme une progression géométrique, c'est-à-dire comme 1, 2, 4, 8, 16, etc. » Cette loi suppose que pour passer d'une sensation à une sensation plus forte, le sujet doit subir une excitation accrue d'une fraction constante. C'est ce que l'expérience ne confirme pas. Les remarques que j'ai faites sur l'influence hyperesthésiante ou anesthésiante des variations d'excitation, suivant leur caractère agréable ou pénible, vous expliquent bien qu'il ne peut exister de fraction différentielle constante. La loi qui relie la sensation et l'excitation est d'une forme très complexe, qu'il reste à déterminer.

On a recherché comment varie la sensibilité avec l'intensité de l'éclairage, et on est arrivé à une formule qui, sans être rigoureuse, représente grossièrement les données de l'expérience dans ce domaine et dans d'autres et revient à la loi précédente. Admettons que l'intensité de la sensation est inversement proportionnelle à la valeur de la fraction différentielle, nous pouvons poser que la sensation lumineuse est proportionnelle à la racine carrée de l'éclairage ; cela veut dire qu'à des éclairages représentés par les nombres 4, 9, 16, correspondent des sensations représentées par les nombres 2, 3, 4. Il est donc inutile pratiquement d'accroître à partir d'une certaine limite l'éclairage, puisqu'à ces variations correspondraient des changements insensibles de la sensation.

On distingue le contraste successif et le contraste simultané ; le premier se rapporte aux modifications consécutives à une sensation isolée, le second aux modifications consécutives à des sensations perçues simultanément. Vous observez que la zone qui entoure ce papier noir collé sur cet écran blanc paraît plus blanche que le reste de l'écran ; toute sensation de noir détermine une sensation consécutive de blanc et réciproquement. Voici deux papiers gris inégalement saturés ; si nous les juxtaposons, le plus clair paraît beaucoup plus clair et le plus noir beaucoup plus noir. Toutefois, si la durée de l'excitation est grande, il arrive parfois que les parties éclairées paraissent obscures et les parties obscures claires.

Les harmonies de lumière doivent être bien distinguées selon qu'il s'agit des variations d'intensité de lumière blanche ou de proportions de la quantité d'un corps noir sur une surface. Je vous ai expliqué comment un corps blanc a toujours pour effet d'absorber une partie de la lumière blanche incidente, tandis que les intensités lumineuses ont toujours pour résultat de s'ajouter.

Voici une lanterne, dont je dois la construction à la gracieuseté de la Compagnie du gaz, à l'intérieur de laquelle brûle un bec de gaz système Viocne, d'une intensité de deux lampes Carcel $\frac{1}{4}$ et percée de trois fenêtres pouvant recevoir chacune des verres dépolis différents de nombre et de qualité, et qui transmettent des intensités lumineuses dans des rapports donnés. J'ai adopté pour unité l'intensité lumineuse d'un bec Carcel à la distance de $1^m,63$; c'est celle transmise par le groupe de verres de la fenêtre du milieu. Voici un autre groupe présentant une intensité égale à 1,067 et un troisième, dont l'intensité est 1,107. Si vous comparez l'intervalle 1-1,067 avec l'intervalle

1-1,107, vous avez un effet esthétique bien différent : le premier éclairage paraît « faux », « froid » et « dur » : je vous cite à dessein les termes dont il m'a été caractérisé. Si avec le premier éclairage, dont vous recevez dans l'œil isolément chacune des lumières, j'éclaire ces bustes en cire d'une femme blonde et d'une femme brune, que je dois à M. Lenthéric, vous apercevez des défauts qui seront insensibles avec le second éclairage ; cela revient à dire que le premier intervalle lumineux, quoique moins intense que le second, excite beaucoup plus que le second intervalle l'acuité visuelle.

C'est d'ailleurs ce qui ressort d'expériences sur les distances auxquelles on peut distinguer ces deux traits de huit millimètres, larges d'un tiers de millimètre, dessinés sur ce carton blanc. L'expérimentateur assis reçoit dans l'œil l'intervalle lumineux et fait glisser le carton sur ce mètre tenu verticalement entre les jambes, à une distance constante de la source, jusqu'à ce que les deux traits se confondent ; dans une expérience, pour le premier intervalle caractérisé comme faux, ils ont disparu à la distance de 53 centimètres, tandis que, pour le second, ils ont disparu à la distance de 47 centimètres. Vous pouvez juger combien cet intervalle 1-1,123 est plus favorable que l'intervalle 1-1,067, combien cet intervalle 1-1,472 est moins favorable que l'intervalle 1-1,423. Sur des yeux fatigués, j'ai rencontré quelques renversements; mais les phénomènes sont toujours intéressants en ce que des acuités plus fortes correspondent à des éclairements supplémentaires plus faibles. En général, pour des yeux normaux, les lois des harmonies de lumière ou, pour préciser, les formules des juxtapositions lumineuses relativement anesthésiantes peuvent se résumer ainsi : *Sont tels tous les rapports d'intensité qui peuvent être mis sous la forme d'une puissance de* $\frac{3}{2}$ *ou de* $\frac{2}{3}$, *l'exposant de cette puissance étant ou une puissance de 2 ou un nombre premier égal à la somme d'une puissance de 2 et de l'unité, ou enfin une puissance de 2 multipliée par un ou plusieurs nombres de ces formes dites rythmiques ; de plus, ce rapport doit être multiplié ou divisé par 2, autant qu'il est nécessaire pour que ce nombre soit plus grand que l'unité et plus petit que 2.* Par exemple, l'intervalle 1,067 est égal à la 7e puissance de $\frac{3}{2}$, c'est-à-dire au nombre 17,085, divisée par 16 ; cet intervalle est hyperesthésiant et désagréable, tandis que l'intervalle 1,107, égal à la 10e puissance de $\frac{2}{3}$, c'est-à-dire au nombre 0,0173, multipliée par 64, est anesthésiant ou agréable.

Les réactions motrices s'exagèrent chaque fois que sous une forme variable avec la nature de la sensation les nombres rythmiques caractérisent une variation d'excitation ; nous les retrouverons dans les couleurs et dans les formes ; ils apparaissent dans les températures centigrades vulgaires convenablement transformées, dans les sensations de poids, d'effort musculaire, de son. Nous retrouvons leurs inverses dans les harmonies du lavis. Voici un rectangle présentant toutes les dégradations du blanc au noir obtenues empiriquement ; si vous choisissez les gris distants de $\frac{1}{2}$, de $\frac{1}{3}$, de $\frac{1}{4}$, de $\frac{1}{5}$ du rectangle total, vous avez des juxtapositions agréables ; si vous juxtaposez des tons distants de $\frac{1}{7}$, de $\frac{1}{9}$ de la distance totale, vous avez des gris discordants ; les premiers agissent beaucoup moins que les seconds sur l'acuité visuelle, c'est-à-dire que l'on distingue sur fond blanc, à une plus grande distance, comme une tache grise indistincte, les seconds, même légèrement plus clairs. C'est par les harmonies de lumière autant que par les harmonies de couleurs que s'explique l'intensité de certains effets obtenus par un Léonard de Vinci et par un Rembrandt.

Nous avons défini la couleur par une certaine quantité qui, dans la théorie de l'éther, s'appelle longueur d'onde. Mais de ce que la couleur est définie par la longueur d'onde, ne concluez pas que la sensation de couleur varie proportionnellement à cette quantité. Les modifications infiniment petites de la sensation correspondent à des changements dans la longueur d'onde différents pour chaque couleur. Voici les fractions de longueur d'onde correspondant aux modifications infiniment petites de la sensation de la couleur dans le voisinage de chaque raie :

B	C	C-D	D	D-E	E	E-F	F	G	H'
$\frac{1}{115}$,	$\frac{1}{167}$,	$\frac{1}{331}$,	$\frac{1}{772}$,	$\frac{1}{246}$,	$\frac{1}{340}$,	$\frac{1}{615}$,	$\frac{1}{740}$,	$\frac{1}{272}$,	$\frac{1}{146}$.

Vous voyez que c'est dans le jaune et le vert que se trouve le maximum de distinguibilité.

On peut étudier l'intensité des sensations de couleur par les deux méthodes que j'ai définies : 1° dosage des réactions motrices ; 2° dosage de l'hyperesthésie produite par chacune d'elles. Les couleurs les plus agréables aux êtres normaux sont les couleurs les plus réfrangibles, comme les bleues ; ce sont celles qui diminuent le moins la fraction différentielle, c'est-à-dire que, pour produire un nouveau degré de la sensation, il faut ajouter plus de lumière bleue que de lumière verte, plus de lumière verte que de lumière jaune, plus de lumière jaune que de lumière rouge. La différence apparente entre deux couleurs quelconques est d'autant plus forte que l'intensité de la lumière excitatrice devient plus grande.

M. Féré a cherché à mesurer au dynamomètre chez les hystériques l'influence de la vision des couleurs, et il a trouvé des nombres plus élevés pour le rouge que pour le vert ; le bleu vient en dernier lieu. Il y a, dans ces expériences, un exemple de ces renversements produits par l'état de fatigue, auquel on peut, dans une certaine mesure, assimiler, d'après les expériences du même auteur, l'état des forces chez les hystériques.

Les couleurs se distinguent d'autant mieux d'un fond noir qu'elles sont plus lumineuses ; d'autant mieux d'un fond blanc, qu'elles sont plus obscures ; d'autant mieux entre elles qu'elles sont plus différentes des luminosités. Je vous présente des textes imprimés en noir sur papier de couleur qui sont autant de planches de la nouvelle édition de *la Loi du contraste simultané des couleurs*, de Chevreul, publiée par l'Imprimerie nationale. Vous distinguez le mieux les caractères sur les fonds jaunes et orangés. L'ordre de luminosité des couleurs est le suivant : jaune, orangé, rouge, vert, bleu, violet. C'est dans cet ordre qu'elles agissent sur la faculté de distinguer les petits objets. Au contraire, le maximum est dans le vert bleuâtre quand il s'agit de distinguer une excitation lumineuse. Le maximum est dans le rouge quand il s'agit de la faculté plus élevée de distinguer la forme des petits objets. Si l'on veut dépenser un peu plus de lumière, il y a donc tout avantage, pour agir sur l'acuité visuelle, à adopter une source lumineuse rouge.

Pour la couleur comme pour la lumière, il faut distinguer le contraste successif et le contraste simultané. Si vous fixez quelques instants ce carré de papier rouge collé sur fond blanc, vous voyez apparaître autour du rouge une auréole vert bleuâtre ; *chaque couleur évoque sa complémentaire*. Il serait intéressant de noter dans des conditions subjectives aussi comparables que possible les diverses durées que mettent les complémentaires à apparaître. Je vous présente sur fond blanc deux carrés juxtaposés orangé rouge et jaune vert ;

vous voyez apparaître à la ligne de séparation sur l'orangé une belle bande pourpre, et sur le jaune, une belle bande verte ; *chaque couleur présente sur la portion d'elle-même contiguë à l'autre la complémentaire de cette autre.*

Pour obtenir des juxtapositions agréables de couleur, je découpe sur cet écran, rigoureusement égal au cercle chromatique, de petites fenêtres ; celles qui sont situées sur la circonférence présentent des teintes plus ou moins réfrangibles, et celles qui sont situées sur le rayon présentent des tons plus ou moins lavés de blanc et plus ou moins rabattus de noir. Ces fenêtres, n'étant en moyenne larges que de trois millimètres, présentent des couleurs qui, à cause du mélange, paraissent uniformes de teinte et de ton. Toutes les fenêtres, situées à égale distance du centre et éloignées l'une de l'autre d'une section de la circonférence dont l'inverse est un nombre rythmique présentent des couleurs dont la juxtaposition est agréable à l'œil ; toutes les autres fenêtres présentent des juxtapositions désagréables.

Je vous présente des teintes copiées sur ces fenêtres de mon cercle chromatique, et que vous pouvez juger satisfaisantes ou non conformément aux règles. Voici deux teintes distantes de $\frac{1}{7}$ de circonférence, sensiblement discordantes par rapport à ces deux teintes distantes de $\frac{1}{8}$ et à ces deux teintes distantes de $\frac{1}{6}$. Les deux carrés orangé et jaune vert que je vous ai présentés, il y a un instant, pour vous montrer les phénomènes de contraste simultané sont distants d'environ $\frac{10}{48}$ de circonférence ; ce nombre est rythmique ; en voici deux autres distants de $\frac{10}{53}$ environ, nombre non rythmique. Effectivement, la première juxtaposition est agréable, la seconde ne l'est pas ; ces degrés de plaisir et de peine peuvent être précisés par des nombres mesurant l'anesthésie et l'hyperesthésie relatives. Si vous considérez la seconde juxtaposition dans la ligne de séparation des deux couleurs, vous voyez les complémentaires apparaître presque immédiatement ; dans la première juxtaposition, le retard atteint parfois quelques secondes. Quelquefois, une des complémentaires devance l'autre, et chacune de ces durées d'apparition diffère en plus ou en moins, suivant le caractère de la juxtaposition, de la durée du contraste successif. Il est très commode de mesurer ces diverses durées par des chronomètres à pointage, dont je vous présente un spécimen, qui m'a été confié gracieusement par son constructeur, M. Redier. L'appareil entre en mouvement en même temps que les yeux se fixent : on presse sur ce petit bouton lors de l'apparition des complémentaires ; le temps s'enregistre par un point noir laissé par l'aiguille sur le cadran ; on opère de la même façon dans la seconde expérience et la différence des durées peut se lire immédiatement.

A ce propos, permettez-moi d'ouvrir une parenthèse. Ces petits chronomètres, en dosant les variations de notre sensibilité, me paraissent pouvoir rendre de grands services. Avec eux chacun pourrait étudier les variations de sa sensibilité et déduire des nombres obtenus des règles d'hygiène qui seraient, à coup sûr, la meilleure prophylaxie des maladies nerveuses. Combinés avec le dynamomètre et quelques autres appareils d'enquête, de construction facile, et que j'espère réaliser prochainement, ils pourraient constituer, par la détermination du renversement des réactions esthétiques, une méthode de dosage de l'état pathologique dans sa genèse, c'est-à-dire dans les seules conditions où il soit presque toujours possible de l'enrayer.

Toutes les affections nerveuses troublent les

sens ; je ne vous donnerai en exemple que l'influence si remarquable du tabac et de l'alcool sur la vision. Ces affections que les médecins ont appelées l'*amblyopie nicotinique* et l'*amblyopie alcoolique* déterminent, la première, une contraction, la seconde, une dilatation considérable de la pupille. La nicotine serait un anesthésiant et l'alcool un hyperesthésiant. Sous ces influences, l'acuité visuelle s'affaiblit ; le violet est toujours méconnu, les bleus, les verts et les rouges sont perçus difficilement ; seuls, les jaunes persistent relativement ; les couleurs complémentaires n'apparaissent plus, de même d'ailleurs qu'au début de l'ataxie locomotrice. M. Galezowski m'a cité le cas très intéressant d'un directeur d'une plantation de tabac de la Martinique qui, après avoir fumé trente à quarante cigares par jour, était arrivé à un tel affaiblissement de la vue, qu'il était à peu près incapable de se conduire. L'oculiste de la colonie avait diagnostiqué une cataracte, qu'il s'apprêtait à opérer. Heureusement, notre fumeur put échapper à ce praticien et venir à Paris. M. Galezowski constata une contraction intense de la pupille et une atrophie du nerf optique. Par un renversement curieux, le malade pouvait distinguer dans l'obscurité, mais non dans la lumière le rouge et un bleu très vif. Au bout de deux ans de traitement, qui consista surtout dans la suppression du tabac, le malade parvint à reprendre ses occupations et à pouvoir distinguer les couleurs.

Un bon artiste, un bon ouvrier d'art, ne sont que des yeux, servis par des cerveaux normalement organisés ; le grand moyen de devenir un bon ouvrier est d'acquérir à tout prix la santé du système nerveux et de la conserver en évitant l'abus de tout excitant.

Mais revenons aux couleurs. Je vous présente deux cercles dont les 6 secteurs sont colorés. Le secteur situé en haut a été peint en jaune, le second à gauche en bleu, le troisième en orangé, le quatrième en vert bleu, le cinquième en jaune vert, le sixième en vert. Toutes ces couleurs sont saturées, c'est-à-dire situées à la moitié du rayon ; leurs intervalles s'apprécient par les inverses des sections de circonférence dont elles sont distantes. Comme les couleurs pigments se comptent sur le cercle chromatique en sens inverse des aiguilles d'une montre et qu'il est naturel de leur assigner le nombre qui convient à leur écart estimé par le plus court chemin, on donne le signe $+$ à l'angle compté dans le sens du cercle chromatique, le signe $-$ à l'angle compté dans le sens contraire, cet angle étant plus petit que la demi-circonférence. Il est commode de disposer les nombres ainsi :

RYTHMIQUE.		NON RYTHMIQUE.	
+	−	+	−
3		3,3	
	4		4,6
5		5,7	
	6		6,5
12		9,1	
Totaux..... 20	10	18,1	11,1

Différences finales.+ 10   + 7

Vous voyez que le ton de la première teinte est toujours positif. Dans la première polychromie, les sommes des nombres marquant les teintes sont rythmiques et la différence de ces sommes également, ce qui n'a pas lieu pour la seconde. Vous pouvez juger combien la première est préférable à la seconde. En général, pour noter l'écart de deux teintes non complémentaires, on cherche d'abord sur le cercle chromatique la teinte située à gauche (soit horizontalement, soit vers le haut, soit vers le bas) ou, à défaut de celle-ci, la teinte située en bas dans la polychromie ; on estime avec le rapporteur l'angle plus petit que la demi-circonférence qui sépare cette teinte de celles situées à droite ou en haut sur le cercle chromatique ; on lui assigne le signe +, s'il est compté dans le sens de gauche à droite; on lui assigne le signe —, s'il est compté dans le sens de droite à gauche en haut. Si ces teintes sont à des tons différents, suivant que le ton du pigment compté en second lieu, ainsi qu'il vient d'être expliqué, est par rapport au ton du premier, centrifuge ou centripète sur le cercle, on assigne au nombre qui exprime la distance de ce second ton sur le rayon le signe $+$ ou le signe —. Le ton de la première teinte est toujours positif. Pour que les couleurs soient harmoniques, la différence entre le nombre qui marque l'écart et cette somme ou différence de tons doit être rythmique. Si les surfaces colorées sont inégales, on mesure chacune de ces surfaces d'une manière aussi approchée que possible par les méthodes connues ou par des pesées avec une balance de précision. On prend comme unité le plus grand commun diviseur des aires ou, à son défaut, celui qui entraîne les rapports les moins complexes; chaque surface et les sommes successives de ces surfaces doivent être exprimées par des nombres rythmiques.

Si les couleurs sont rangées sur des étendues quelconques dans un contour fermé qui ne se coupe en aucun point, on cherche le centre de la figure, c'est-à-dire du plus petit cercle circonscriptible, par les constructions connues ou plus rapidement parfois par le tâtonnement. On fait passer par ce centre une horizontale et on élève sur cette ligne une perpendiculaire, laquelle, ou coupe une surface, ou passe entre deux surfaces colorées. Dans le premier cas, on commence par la surface colorée, qui est traversée par la perpendiculaire ; dans le second cas, on commence par la surface située à gauche de la perpendiculaire, puis on opère comme dans le cas d'une bande en procédant de droite à gauche vers le bas (en sens inverse des aiguilles d'une montre).

Je vous présente deux tapisseries en laine, dont les couleurs ont été voulues, dans un cas, harmoniques, dans l'autre, non harmoniques. Je me suis contenté de tons rythmiques en eux-mêmes et de teintes juxtaposées rythmiques. C'est une précaution suffisante dans le cas où les couleurs sont rangées sur des étendues quelconques dans une disposition quelconque.

Voici les nombres de ces deux tapisseries :

	RYTHMIQUE.			NON RYTHMIQUE.	
Couleurs.	Tons.	Teintes.		Tons.	Teintes.
Rouge.....	136	4		90	7,00
Jaune.	80	6	3	110	3,48	2,87
Vert.......	102			130	
Bleu.......	80	4		125	4,36

J'ai négligé dans ces tapisseries la considération,

cependant importante en général, des surfaces, qui sont représentées pour chaque couleur par les nombres suivants :

Rouge..	1 000
Jaune.............................	310
Vert..............................	335
Bleu..............................	1 240

Vous voyez apparaître sur la polychromie non rythmique des images consécutives purement lumineuses ou colorées beaucoup plus rapidement que sur la polychromie rythmique, qui en présente d'ailleurs beaucoup moins. Les durées seraient faciles à mesurer pour chacun de vos yeux.

L'étude du contraste dans les formes comprend la détermination des illusions d'optique dans les lignes et les angles suivant leur situation. Vous savez tous qu'une verticale paraît plus grande qu'une horizontale égale. Un cercle géométriquement parfait semble être une suite d'arcs de spirales qui se raccordent; mais il faut distinguer deux cas : 1° l'objet, de petite dimension, est vu simultanément dans toutes ses parties ; 2° l'objet, de grande dimension, ne peut être vu que successivement et exige par conséquent des mouvements des yeux et de la tête. Il est facile de voir que les erreurs d'appréciation changent suivant les deux cas. Il suffit de regarder à une distance très petite et par conséquent avec des mouvements des yeux ces angles dont les côtés vus à une distance de quelques mètres, c'est-à-dire simultanément, paraissent égaux : vous les voyez ainsi inégaux.

La théorie qui permet de préciser les variations des rapports des longueurs d'ondes des couleurs complémentaires pour un être normal permet de calculer les rayons des spirales que paraissent être des cercles géométriquement égaux dans les deux cas ; elle permet également de construire des spirales qui, au même être normal, paraîtraient des cercles. J'ai été conduit ainsi à préciser dans le cas des petites images deux situations du rayon (58°,84 à droite au-dessus de l'horizontal, 40° à gauche) et dans le cas des grandes images quatre situations (5°,4 et 62°,7 à droite, 58°,6 et 6° à gauche), dans lesquelles il est apprécié avec le moins d'erreur. Je vous présente ces quatre rayons distants de 45° à partir du rayon horizontal et de droite à gauche. Chacun de ces rayons a 122 unités de longueur. Voici des arcs de spirales dont les rayons successifs, distants de 45°, sont à partir de l'horizontale, 116, 118, 131, 123. Vous pouvez constater que cette figure ressemble remarquablement à la première. Si nous voulons obtenir un cercle apparent de rayon 122, nous devons faire des arcs de spirale dont les rayons successifs

sont à partir de l'horizontale 131, 128, 116 et 122.
Ces rapports conviennent aux objets de petite
dimension dont l'image vient se fixer sur le lieu
de la vision directe. Un grand cercle qui, comme
celui que je vous présente, est l'agrandissement
au décuple du premier, semble être une suite d'arcs
de spirales dont les rayons successifs, distants de
45° à partir de l'horizontale, sont 125, 100, 156,
110. Vous voyez que, dans ce cas, la verticale
paraît notablement plus que dans le premier cas
supérieure à l'horizontale. Si nous voulons dans
ce cas faire un cercle apparent, nous devrons
construire des arcs de spirale dont les rayons pré-
cités sont 125, 156, 100 et 142.

Dans les deux cas, les apparences des angles
sont liées aux apparences des lignes. Je vous présente quatre angles de 45° dont les côtés sont
égaux à 122 unités de petite dimension et dont le
1er côté, pris de droite à gauche, se trouve successivement dans des situations horizontales, oblique
à droite, verticale et oblique à gauche. Vous pouvez juger que le 1er et le 4e paraissent plus grands,
tandis que le 2e et le 3e paraissent plus petits que
45°. Je vous soumets quatre autres angles respectivement égaux à 43°,2 ; 45°,9 ; 46°,8 ; 44°,1 qui donnent l'apparence d'angles de 45°. J'ai obtenu les
mêmes apparences de 45° avec des angles de 45°,

mais dont les côtés sont successivement : 118, 116; 131, 118; 131, 123; 123, 116.

Dans le deuxième cas des grandes dimensions, voici des angles de 45° dans l'ordre précisé : le 1er et le 4e paraissent comme dans le 1er cas trop grands, tandis que le 2e et 3e paraissent trop petits. Les voici corrigés de manière à paraître égaux à 45°, c'est-à-dire respectivement égaux à 41°,4 ; 47°,3 ; 49°,1 ; 43°,5 ; on peut obtenir le même résultat, en donnant à chacun des côtés les valeurs successives : 100,125 ; 156,100 ; 110,156 ; 110,125. Il résulte de ces faits qu'en modifiant dans une certaine mesure la valeur des côtés, on modifie la valeur apparente des angles. Vous savez qu'en agrandissant au pantographe un dessin dans une proportion considérable, les proportions de la figure ne paraissent plus conservées. Il serait très facile de donner à l'agrandissement les apparences convenables en calculant la grandeur apparente des lignes ou des angles selon leur direction. Je vous soumets un dessin dont les trois lignes sont cotées 40 millimètres, 38 millimètres et 47 millimètres, et dont les angles ont 30° et 60° ; voici deux agrandissements au décuple : dans l'un, les angles n'ont pas varié et les côtés ont respectivement les valeurs 37,6 ; 38,76 ; 45,59 ; dans l'autre les côtés n'ont pas varié et les angles ont les valeurs 29°,3 et 59°,5. Ces deux figures paraissent être bien plus un agrandissement vrai que l'agrandissement exact ci-contre. Mais ce qui vaudrait mieux encore que ces corrections nécessairement théoriques serait une éducation de l'exactitude de notre œil qui nous affranchît de ces erreurs variables suivant les individus, les peuples et les influences psychiques. Sans une saine et universelle appréciation des formes, il n'y a ni art incontestable, ni critique rationnelle possibles.

Le rapporteur ordinaire qui évalue les angles en divisions conventionnelles de la circonférence, que l'on appelle degrés, ne peut point servir directement dans les recherches esthétiques, car lorsque nous évaluons un angle avec l'œil, nous le rapportons à la circonférence décrite de son sommet comme centre, avec ses côtés comme rayons, et nous recherchons combien de fois il peut être contenu dans la circonférence entière ; nous apprécions par exemple s'il est égal au tiers, au quart, au cinquième de la circonférence. Il était donc important de construire un rapporteur présentant immédiatement les sections naturelles de la circonférence : c'est l'objet du *rapporteur esthétique*, construit par M. G. Séguin, et dont j'ai déjà mentionné les applications à la polychromie.

Une forme peut affecter au point de vue esthétique quatre types distincts. Elle peut être : 1° un point rayonnant dans des directions différentes à des distances égales ou inégales ; 2° une ligne brisée à laquelle on peut toujours rapporter une courbe quelconque ; 3° un contour polygonal qui ne se coupe en aucun point ; 4° un ensemble de contours polygonaux.

1° Dans le cas du point rayonnant, les rayons qui, par rapport aux précédents, sont centrifuges, s'ajoutent ; s'ils sont centripètes, ils se retranchent ; les angles doivent être rythmiques ; rythmiques, les rayons ; rythmiques, les sommes algébriques des rayons et des angles, en même temps que la différence de ces sommes.

2° Pour analyser une ligne brisée dans une seule direction, soit de gauche à droite, soit de bas en haut, on mesure les droites en choisissant pour unité la plus grande longueur commune ou, à son défaut, celle dont le choix entraîne les rapports les moins complexes, et on évalue les angles. Suivant que l'angle considéré est à droite ou à gauche du dernier trait prolongé, le dénominateur de la section de circonférence indiqué par le rapporteur s'ajoute ou se retranche. Chacun de ces nombres, la somme algébrique des angles, la somme algébrique des droites, la différence entre la somme algébrique des angles et la somme algébrique des droites, doivent être rythmiques.

3° Si la figure est un contour polygonal qui ne se coupe en aucun point, on cherche le centre de la figure ; on fait passer par ce centre une horizontale et on élève sur cette ligne, en ce point, une perpendiculaire qui coupe la figure en un point à partir duquel on commence l'analyse du contour, si ce point coïncide avec l'origine d'une droite. Si, au contraire ce point tombe sur la droite, on reporte l'analyse du contour sur l'origine de cette droite, et on note à partir de ce point la première ligne et le premier angle obtenu par le prolongement de la dernière ligne. On continue comme dans le premier cas.

4° Si la figure est un ensemble de contours polygonaux qui ne se coupent en aucun point, on cherche le centre de la figure totale, on analyse le contour dans l'intérieur duquel tombe ce centre, et l'on continue ainsi pour les différents contours, en les prenant successivement de bas en haut et de droite à gauche, à partir du haut. Le nombre qui exprime chaque contour et la somme algébrique des nombres de tous les contours doivent être rythmiques.

Est-il utile de vous déclarer que l'application de ces règles ne suffit pas à rendre belle une œuvre ? Les belles œuvres satisfont à toutes les convenances, aussi bien d'ordre historique que d'ordre scientifique. La réalisation rationnelle de la beauté supposerait une science intégrale, et nous en sommes loin. Le but de ces règles est beaucoup plus modeste ; il s'agit de construire des formes qui ne fatiguent point la vue, ou qui, à égalité de surface, excitent au maximum l'acuité visuelle, et de présenter une méthode d'analyse esthétique des formes, permettant de constituer sur une base mathématique rigoureuse une vaste science : la *morphologie*. Ces règles sont appliquées à de nombreux exemples dans un ouvrage actuellement sous presse : l'*Éducation du sens des formes*, que je vais publier avec la collaboration de M. Signac. A ce propos, permettez-moi de rendre hommage à la grande abnégation dont a fait preuve ce consciencieux artiste, en mesurant, pour la construction des figures, plusieurs milliers d'angles. Je vous présente plusieurs planches : une élégante garde d'épée, dont le résidu final est le nombre rythmique 102 ; un profil qui a été voulu simplement rythmique, dont le résidu est le nombre 48, et qui, par un hommage d'autant plus gracieux qu'il est involontaire, évoque une image féminine. Enfin voici deux spécimens intéressant plus spécialement les ouvriers du meuble qui me font l'honneur de m'écouter : d'une part, une

chaise assez dure d'apparence, dont le résidu final
est le nombre non rythmique 188 ; d'autre part,
une chaise à l'allure élégante et presque volup-
tueuse, dont le résidu final est le nombre rythmique 136. Ces objets, s'ils étaient de surface égale
ou vus à des distances différentes convenables
pourraient être comparés au point de vue de
l'acuité visuelle. Je n'insiste pas sur les vérifications de cet ordre, lesquelles ne présentent pas
d'intérêt dans les questions d'art industriel qui
vous occupent plus particulièrement.

Un fait qui vient démontrer avec une nouvelle
force l'utilité d'un éclairage constant et bien défini,
c'est l'influence des variations d'intensité lumineuse sur la couleur. M. Pellin va projeter sur ces
fonds colorés des lumières inégalement intenses :
vous pouvez constater qu'aux éclairages intenses
les couleurs les plus réfrangibles, comme le bleu,
le vert, diminuent d'intensité, tandis que des couleurs moins réfrangibles, comme le jaune et le
rouge, augmentent au contraire d'intensité. De
plus, les couleurs changent de teinte ; les verts, à
un faible éclairage, deviennent bleuâtres ; les
orangés deviennent jaunes ; tandis qu'à un éclairage plus intense, les verts deviennent jaunâtres,
les orangés rougeâtres. Les pigments se com-
portent de même très différemment suivant qu'ils

sont appliqués en couches minces ou en couches épaisses. D'une manière générale, en couches minces, ils tendent vers le vert; en couches épaisses, vers le rouge. Il en résulte qu'un même pigment, suivant ses degrés de saturation, n'a pas la même complémentaire et que, pour obtenir des teintes dégradées, il ne faut point se contenter de charger ou de diluer la couleur, mais qu'il faut choisir les tons qui ont la même complémentaire. Je vous soumets des tableaux dus à M. Rosenstiehl, qui vous démontreront la supériorité de la gamme qu'il a appelée si justement esthétique, fondée sur le choix des complémentaires, et l'infériorité de la gamme empirique, fondée sur le simple mélange des matières. Vous remarquez que la tendance vers le rouge se produit dans des conditions en apparence opposées : accroissement d'intensité lumineuse objective et absorption de la lumière par des couches plus nombreuses de pigments. Dans le premier cas, je verrais un phénomène subjectif : l'association de couleurs à sensations plus intenses, par conséquent du rouge, du jaune, etc., avec des lumières plus intenses; dans le deuxième cas, je verrais un simple phénomène objectif d'absorption des couleurs les plus réfrangibles, qui sont en même temps les moins intenses au point de vue mécanique.

La lumière n'agit pas moins vivement sur la sensation de forme que sur la sensation de couleur. Vous connaissez tous l'illusion qui nous fait considérer comme plus grandes les surfaces blanches et les surfaces éclairées, comme plus petites les surfaces noires et les surfaces obscures. Vous pouvez juger aussi que les surfaces blanches paraissent plus en relief que les surfaces noires.

Quelques-uns d'entre vous ont constaté peut-être au théâtre que les acteurs éclairés de la rampe paraissent légèrement inclinés du haut du corps. Ces différences d'éclairage jouent certainement un rôle à côté de la vision binoculaire dans la sensation du relief. Je ne vous rappellerai pas l'influence des variations rythmiques ou non des excitations lumineuses sur l'acuité visuelle.

La couleur élargit, élève, creuse ou fait ressortir les surfaces qu'elle revêt. Je vous présente quatre rectangles de papier découpés en même temps, égaux entre eux par conséquent. Vous pouvez remarquer que le papier rouge et le papier vert paraissent plus hauts que larges, tandis que le papier jaune et le papier bleu paraissent plus larges que hauts. L'illusion est très nette sur ces papiers mats et aussi monochromatiques que possible ; elle est beaucoup moins nette sur les vulgaires papiers peints glacés. J'ai institué la même expérience sous une autre forme. Je m'attache au préalable à reproduire à l'œil nu des traits dans différentes directions ; je note les erreurs commises, puis j'arme mon œil successivement de verres rouges, jaunes, verts, bleus. Je constate que la verticale, sous l'influence du rouge et du vert, s'accroît ; sous l'influence du jaune et du bleu, l'horizontale s'accroît. Les résultats sont plus considérables si, au lieu d'employer un seul verre, j'emploie des binocles complémentaires : l'œil droit recevant, par exemple, de la lumière rouge ou verte, l'œil gauche de la lumière verte ou rouge. La difficulté principale de ces expériences est de trouver des verres qui ne transmettent qu'une seule couleur. J'ai pu souvent déduire de la complexité des illusions de direction et de leur sens la nature des radiations transmises.

Je vous présente le spécimen d'une technique nouvelle de l'affiche que M. Signac a élaborée sur ma prière et qui est une application de ces liaisons de la couleur et de la direction. Chaque lettre est inscrite dans mon cercle chromatique ; seulement, suivant les lignes, le cercle tourne d'angles différents par rapport à son orientation naturelle qui présente le rouge en haut si l'on se place au point de vue d'une reproduction rigoureuse de l'intensité mécanique objective, représentation que nous supposons inconsciente et instinctive.

Il me reste à préciser l'influence de la forme sur la sensation de couleur. C'est le bleu qui est perçu sur la plus grande étendue de la rétine, puis viennent le jaune, le rouge, le vert. C'est l'ordre dans lequel décroissent les secteurs occupés par ces couleurs sur le cercle chromatique. Je vous présente des cercles concentriques en papier de ces différentes couleurs et de rayons décroissants dans l'ordre que je viens d'indiquer. Si, plaçant en face du centre le lieu de la vision directe, vous cherchez à distinguer toutes ces couleurs par la vision indirecte, vous les distinguez toutes. Mais si vous substituez à la même distance au premier carton un second carton présentant des cercles concentriques dans l'ordre inverse, le bleu central persiste seul, les autres couleurs disparaissent comme couleurs.

La surface, en diminuant, diminue l'intensité apparente des couleurs ; cette diminution d'intensité apparente est d'autant plus rapide que la couleur est plus réfrangible. Un savant physiologiste, M. Charpentier, après avoir réglé quatre sources éclairées, rouge, jaune, vert, bleu, de manière à avoir le même minimum de couleur perceptible, a constaté, en réduisant l'objet à un diamètre moitié moindre, que l'intensité apparente a diminué de plus du double pour le rouge et que le bleu n'a plus que les trois quarts de l'intensité apparente du rouge. Il en résulte cette conséquence pratique que pour obtenir des sensations chromatiques également intenses en réduisant les surfaces, il faut accroître les intensités des couleurs les plus réfrangibles dans de certains rapports.

Il est inutile et il serait trop long d'énoncer toutes les applications de ces études. Il est possible de construire des caractères typographiques, d'une part les plus satisfaisants pour l'œil et d'autre part les plus capables d'exciter l'acuité visuelle. Les influences qu'exercent sur cette fonction les variations non rythmiques d'intensité lumineuse permettront, par des juxtapositions de sources lumineuses dans des rapports donnés et dans des situations convenables de l'œil, d'obtenir le maximum de pouvoir éclairant avec la consommation minima de matière éclairante. L'influence de la couleur sur les illusions d'optique pourra sans doute être appliquée, dans les uniformes militaires, à la multiplication d'illusions dans des sens voulus, c'est-à-dire à la préservation du soldat; l'influence anesthésiante des formes rythmiques pourra être également utilisée.

Tous les arts et toutes les sciences, a-t-on dit,

convergent vers la femme ; il n'en peut être autre-
ment de l'esthétique, et je paraîtrais incomplet à
une partie de mon auditoire si je ne vous présen-
tais des applications à l'art de la toilette. On va
draper sur ce buste de brune et sur ce buste de
blonde des soies, dont les couleurs ont été choi-
sies sur le cercle chromatique, rythmiques ou non
avec les carnations. Cette chair de brune représente assez exactement le ton 5 d'un rose oran-
geâtre, que je vous indique sur le cercle chromatique ; les cheveux sont le ton 17,5 d'un violet

distant du rose d'environ $\frac{1}{10}$ de circonférence. La

chair et les cheveux s'accordent assez agréable-
ment. Voici une soie, ton 8 d'un bleu situé aux

$\frac{10}{34}$ du rose des chairs ; la juxtaposition est heu-

reuse, tandis que cette soie violette, ton 10 dis-

tant de $\frac{1}{7}$ du rose de la chair, est déplorable. La

chair de cette blonde est de la même teinte que
celle de la brune, mais du ton 4 immédiatement
plus clair ; les cheveux sont d'un jaune foncé

exprimé par le ton 18,5 d'une teinte située aux $\frac{10}{48}$

de la couleur des chairs ; l'alliance de ces teintes
est satisfaisante. Voici un rose, ton 6 d'une teinte

située au $\frac{1}{15}$ de circonférence de la couleur de chair ; cette soie produit un excellent effet, tandis que voici une soie également rose, mais ton 6 d'une teinte distante de $\frac{1}{9}$ de circonférence de la couleur de chair qui produit un effet pénible ; de même, voici un jaune, ton 5 d'une teinte située au $\frac{1}{6}$ de la couleur de chair, juxtaposition heureuse ; au contraire, voici un autre jaune, ton 13,5 d'une teinte située aux $\frac{100}{413}$ de la couleur de chair, juxtaposition déplorable. Voici un bleu, dont le ton est marqué par le nombre 7,5 et dont la teinte est située aux $\frac{10}{34}$ de la couleur de chair : juxtaposition heureuse, que l'on peut rendre encore plus heureuse en drapant sur l'autre moitié du corps la même teinte au ton immédiatement plus clair. Vous voyez combien il est inexact de réduire aux seules complémentaires les harmonies de la toilette.

Préparer l'avènement du normal par une hygiène savante et graduée du système nerveux, tel est le but qu'il faut poursuivre. La maladie étend des ramifications d'autant plus insidieuses

qu'elles sont moins discernables sur toutes les pro-
ductions et les manifestations de l'activité mentale.
Combien de doutes, d'incertitudes, d'angoisses,
de vains efforts, de problèmes illusoires, de théo-
ries infécondes, d'illusions orgueilleuses, de chocs
et d'agitations stériles a enfantés et engendre
chaque jour l'esprit malade, cet état que les
théologiens ont personnifié en des génies malfai-
sants ! Toutes ces misères, quelques penseurs les
ont senties dans la solitude de leur cœur ; la science
de l'avenir les précisera et les dosera avec son
inflexibilité mathématique, réalisant ainsi l'intui-
tion des religions qui ont créé des dieux justes,
pesant avec une inexorable balance le bien et le
mal. Des cerveaux solidement organisés apporte-
raient aux problèmes ces solutions qui s'appellent
géniales et ne sont que des réponses de la nature
suggérées à une pensée normale. Les passions
normales, cris de joie d'organismes heureux,
feraient succéder à la *lutte pour l'existence* des
âges anormaux des concerts dont les lois seront
une science et la production un art nouveau. Des
volontés servies par des organismes puissants
poursuivraient, sans les défaillances de la fatigue,
sans les incohérences des hérédités malsaines,
sans les compromissions des âges bâtards, des
œuvres saines, vraiment humaines, perpétuelles

et cosmiques. Il semble que l'on n'ait déduit des solidarités intimes du physique et du moral que la perpétuité des misères inséparables d'un état physique anormal; mais des modifications rationnelles possibles de l'état nerveux, ne faut-il pas conclure la possibilité de l'amélioration du mental? et cet idéal mal défini, que les moralistes et les philosophes ont si souvent invoqué, n'est-il pas le terme plus ou moins accessible des applications rigoureuses d'une science à établir?

Je serais charmé que, de cet entretien, ressortît pour vous la conviction qu'après avoir été la grande émancipatrice que vous savez, la science pourra être l'édificatrice de notre bonheur individuel et social.

Paris. — Imp, E, Capiomont et.Cie, rue des Poitevins, 6.

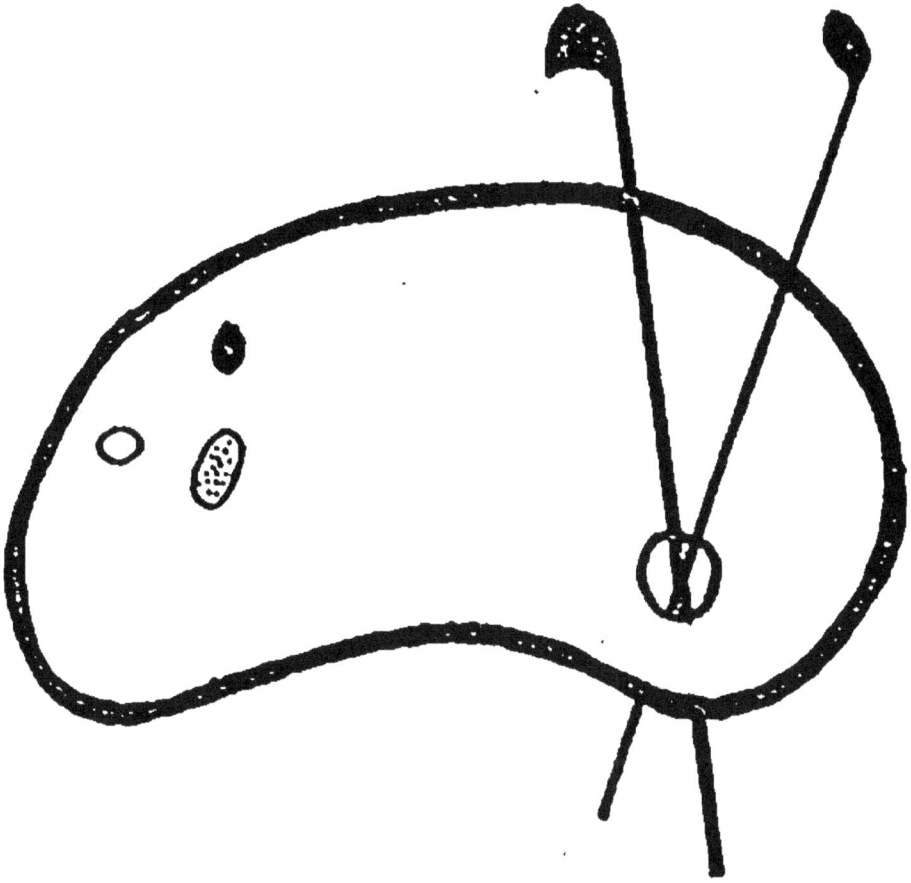

ORIGINAL EN COULEUR
NF Z 43-120-8

BIBLIOTHEQUE
NATIONALE

CHATEAU
de
SABLE

1994

www.ingramcontent.com/pod-product-compliance
Lightning Source LLC
Chambersburg PA
CBHW030929220326
41521CB00039B/1725